Schwarze Athleten

Hannes 296

Schwarze Athleten

Fotos und Bildtexte:
Hermann Gerth

Texte:
Rob Zethoven

Cadmos

Dieses Buch

ist das Ergebnis einer Freundschaft.
Einer Freundschaft zwischen zwei Menschen mit verschiedenem Hintergrund aber einer gemeinsamen Faszination: Das Friesenpferd.

Hermann Gerth lebte in Hamburg und war Werbe- und Modefotograf. Für ihn war des Fotografieren von Topmodellen die normalste Sache der Welt. Doch wenn man mit ihm über Friesenpferde redete, erkannte man seine wahre Begeisterung: Seit seiner ersten Begegnung mit Friesenpferden 1993 war er immer wieder fasziniert, den Topmodellen der Friesenpferde zu begegnen, sie zu fotografieren.
2001 verstarb Hermann Gerth unerwartet.

Rob Zethoven ist Arzt und hat eine Praxis für homöopathische Heilkunde in Oldeberkoop in Friesland (Niederlande). Daneben ist er seit 1988 Vorstandsmitglied der königlichen Vereinigung "Het Friesch Paarden Stamboek" und war maßgeblich am Aufbau von "Het Fries Paarden Centrum" in Drachten 1992 beteiligt.

Beide Autoren haben mit diesem Buch nicht das Bestreben gehabt, Vollständigkeit zu präsentieren, wohl aber versucht, jeder auf seine Weise, ein gemeinsames Gefühl auszudrücken:
Die Liebe zu Friesenpferden.

Text aus dem Niederländischen von Helmut Mennicken.

Gestaltung: Ravenstein Brain Pool
Druck: Westermann Druck, Zwickau

ISBN 3-86127-397-7

Inhalt

Hearke 245P, eine Legende, Vater von neun Stammbuchhengsten.

Statt einer Einleitung: Hommage an Hearke

Wer kann mir verraten, wie es kommt, daß ein Pferd einen dermaßen tiefen Eindruck auf uns Menschen macht, daß es noch jahrelang in unserer Erinnerung weiterlebt?

Wie ist es zu erklären, daß ein bestimmtes Tier unsere Phantasie so sehr anregt, daß wir sein Ableben wie den Abschied von einem persönlichen Freund empfinden. Andere Pferde uns dagegen nicht viel mehr als Nummern im Stammbuchregister bedeuten? Kurzum: wodurch wird ein Pferd zu einer Legende?

Nachdem ich mich dafür entschieden hatte, statt einer Einleitung für dieses Buch eine Hommage an Hearke zu schreiben, gingen mir solche Fragen durch den Kopf. Dabei war mir bewußt, daß mir die Worte nicht leicht aus der Feder fließen würden. Und dennoch schien es mir ein guter Anfang für ein Buch zu sein, welches die Liebe der Menschen zu den Pferden behandelt. Nicht etwa die Liebe der Menschen zu Pferden im allgemeinen, sondern die Liebe zu einer ganz besonderen Pferderasse, den Friesenpferden.

Was war eigentlich das Besondere an Hearke? Was trug dazu bei, daß er sich just zu dem einen Pferd entwickelte, das wir nie mehr vergessen werden? Warum spricht jedermann, gleich ob er aus Friesland oder von außerhalb kommt, mit derselben Mischung aus Bewunderung und Zuneigung über Hearke? Für Menschen außerhalb Frieslands ist sein Name schwer auszusprechen. Dennoch bleibt Hearke, auch nach seinem Ableben, für die meisten nach wie vor das Friesenpferd schlechthin.

Finden wir das Besondere in seinem Stammbaumnachweis wieder? Dieses Papier ist "gut genug", wie die Friesen sagen würden: der Vater Mark 232 mit Prädikat und die Mutter Gelbrich 4983 als auch die Großmutter Hinke 3019 waren beide "vorbildlich und mit Prädikat". Daran ist nichts Auffälliges zu erkennen. Es hat weit mehr friesische Deckhengste mit ausgezeichneten Stammbuchpapieren gegeben.

Hearke wurde am 6. März 1976 ins Register der Deckhengste friesischer Rasse eingetragen. Der Sekretär des Stammbuchs fügte seinem Namen die Nummer 254 hinzu. Wortwörtlich lautet der Textauszug: Hearke 254, geboren am 7. April 1973. Besondere Merkmale: keine. Größe: 1,63 Meter. Züchter: M.Brouwer, Idaard.

Vier Jahre später zeigen sich die ersten Nachkommen von Hearke, und die Inspektion ordnete ihn der Zuchtklasse B zu. Dies ist die gebräuchliche, technische Sprache des Stammbuchs. Nichts mehr und nichts weniger.

Ist es dann vielleicht sein ansehnlicher Einfluß auf die Pferdezucht, die Hearke so beliebt gemacht hat? Hearke schenkte der Zucht acht Hengste, darunter der unvergeßliche und viel zu jung verstorbene Reitse. Acht männliche Nachkommen für die Zucht sind natürlich nur wenigen Deckhengsten vorbehalten, und als "Vererber der Bewegung" wird niemand ihm das Prädikat "Hervorragend" verwehren. In der Vergangenheit gab es viele Deckhengste der Spitzenklasse, dennoch sprachen jene unsere Phantasie weniger an als Hearke.

Hat Hearke seine Beliebtheit dann etwa seinen Leistungen zu verdanken? Einmal Meister bei der Hengstkörung in Leeuwarden. Zweimal Meister in der Ehrenklasse vor dem Gespann. Zweimal niederländischer Meister im Doppelgespann. Acht Jahre in Folge niederländischer Meister bei den friesischen Deckhengsten im Gespann. Unzweifelhaft handelt es sich hier um hohe Auszeichnungen und wir stehen hier den besten Leistungen gegenüber, die ein Friesischer Deckhengst in seinem Leben erzielen kann. Und dennoch ist damit, so unwahrscheinlich es auch klingen mag, noch immer nicht erklärt, worin das Besondere von Hearke lag. Das Besondere ist nämlich nicht in einem ausgezeichneten Stammbaum oder in Spitzenleistungen auf dem Gebiet der Zucht oder des Sports zu suchen. All dies macht ein Pferd allenfalls zu einem "absoluten Spitzenpferd". Das war Hearke ohne Zweifel auch. Doch damit ist immer noch nicht das Besondere an Hearke erklärt.

Das Besondere an Hearke besteht lediglich aus kurzen, zwar flüchtigen, jedoch unvergeßlichen Augenblicken, die wie Filmszenen in unserem Gedächtnis verankert sind: dem Augenblick des begierigen Anspringens im vollen Brustzeug auf einem sonnenüberströmten Parcours an einem Tag im August irgendwo in Friesland, dem zielstrebigen Willen nach dem Verklingen der letzten Strophe eines Volksliedes auf Zuruf loszuziehen, um eine Ehrenrunde zu drehen....der Filmsequenz eines Trabs in Zeitlupe irgendwo auf einer Weide hinter Oldeborn, auf der das Gras noch nicht gemäht war und die Bewegung zeitlos wird...

Dazu gehören auch die kleinen Dinge - das Vibrieren der Oberlippe, das Spiel der Ohren beim Ausrichten kurz vor dem Wettbewerb - und ebenfalls die glorreichen Augenblicke, die niemand vergessen kann. Dazu gehörte die Hengstkörung in Leeuwarden: am langen Zügel zusammen mit Sohn Reitse vor einem frenetischen Publikum.

Und dann ist da noch ein ganz anderes Bild. Der fast feierliche Marsch auf der Lange Voorhout in Den Haag bei den Weltreiterspielen 1994, und zwar beim Defilee der Rassen. Zum letzten Mal am langen Zügel, wie ein regierender Fürst der einzigen, noch erhaltenen einheimischen Rasse! Den grauen Kopf stolz erhoben, mit königlicher Ausstrahlung die lange Prozession der Rassen anführend, und wie immer... tänzelnd. Vielleicht spürte er, daß es sein letzter Auftritt war... Zwei Monate später ist Hearke gestorben.

Hierin liegt Hearkes Geheimnis: Die Rührung, die wir alle in solchen Augenblicken spürten und die uns das Gefühl vermittelte, einer großen Familie anzugehören. Manchen standen die Tränen in den Augen, doch jedem lief es kalt über den Rücken.

Gefühle lassen sich nur schwer analysieren. Was berührt uns tief in unserem Innersten, wenn wir in unserer Vorstellung Hearke durchs hohe Gras traben sehen? Ist es die Bewegung, die etwas in uns auslöst und uns anrührt? Ist es das stolz erhobene Haupt eines königlichen Tiers, das etwas vom Sieg des Guten über das Böse ausstrahlt? Oder geht all dies zu weit und handelt es sich lediglich um etwas, das wir alle wahrnehmen und einfach schön finden? Wer kann mir diese Frage beantworten? Ich weiß es nicht.

Nur eines weiß ich sicher: Wer Hearke gekannt hat, wird ihn nie vergessen.

Danke, Hearke!

Die Geschichte des Friesenpferdes

Beim Friesenpferd handelt es sich um nichts weniger als ein einzigartiges Kulturdenkmal, vergleichbar der Venus von Milo oder dem Wandteppich von Bayeux. Der einzige Unterschied: das Friesenpferd ist immer noch springlebendig! Seinen warmen Atem können wir noch spüren und so oft berühren, wie wir es wünschen. Bei welchem anderen Kulturdenkmal ist so etwas heutzutage denn schon möglich?

Die Geschichte der Zucht einer Pferderasse ist Teil der Kulturgeschichte, weil jede Pferdezucht aufs engste mit der Entwicklung und der Geschichte eines Volkes verwoben ist. Im Fall der Geschichte des Friesenpferdes handelt es sich dabei - wie könnte es anders sein? - um die Geschichte des friesischen Volkes.

Vererbt von Mutter zur Tochter: Das goldene Ohreisen und die "Floddermuts", ein Spitzenhäubchen der eleganten Art

Die Bewohner Frieslands sind stolz, ziemlich eigensinnig und halten stark an ihrer traditionellen Kultur fest. Auf den großen Wettbewerben, wo natürlich viele Friesenpferde und "Sjezen" zu sehen sind, werden Trachten des begüterten Bauernstandes aus der 2. Hälfte des vorigen Jahrhundert getragen. "So machen wir das," sagt der Friese, " und nicht anders, weil ein Friese ist ein Friese ist ein...."

Die Friesen

Ohne Zweifel ist Friesland immer schon die eigenwilligste Provinz der Niederlande gewesen. Die Einwohner Frieslands sind stolz, ziemlich eigensinnig und hüten ihre Traditionen wie einen Augapfel. Die Friesen drücken dies mit eigenen Worten daher so aus: Ein Friese ist ein Friese ist ein Friese... Zu Beginn unserer Zeitrechnung beschrieb der römische Historiker Tacitus die Friesen als große, kräftige Menschen mit blonden Haaren und blauen Augen und zählte sie zu den westgermanischen Stämmen. Es handle sich um Seefahrer, Händler, Bauern und... Pferdezüchter.

Die Wechselfälle der Natur, die zum Leben auf dem Grenzgebiet zwischen Wasser und Land dazugehören, haben die Friesen abgehärtet. Ein Friese ist ebenso genügsam wie das Pferd, das er aufgezogen hat, und ebenso daran gewöhnt, unter schwierigen Umständen zu überleben.

Die Wurten

Etwa 100 Jahre vor Beginn unserer Zeitrechnung besiedelten die Friesen das Gebiet, das sich heutzutage über die Provinz Friesland und Teile der Provinzen Groningen und Drenthe erstreckt. Nach Norden und Westen grenzte das Land ans

Meer. Ihre Siedlungen errichteten sie vorzugsweise auf sogenannten Wurten, auf künstlich aufgeworfenen und dank jahrhundertelanger Besiedlung Schicht um Schicht erhöhten Wohnplätzen, die bei Sturmflut regelmäßig vollständig vom Meer umfangen werden.

Bei Ausgrabungen stieß man in den untersten, also den ältesten Wohnschichten der Wurten auf mehrere Pferdeschädel, die aus der Zeit der allerersten Besiedlung stammen. Die Untersuchungen dieser Schädel haben ergeben, daß die alten Friesen hauptsächlich zwei Pferdetypen benutzt haben: einen vermutlich mit den Kelten nach Friesland gelangten Typ mit östlichen Merkmalen und einen Typ mit eher westlichen Merkmalen, der wahrscheinlich dem ursprünglichen germanischen Pferdetyp zuzurechnen ist.

Allmählich verdrängte darauf der germanische den keltischen Pferdetyp, der immerhin gewisse Spuren und Einflüsse hinterlassen hat. Dieser westgermanische Pferdetyp ist dann in den folgenden Jahrhunderten zum Ausgangspunkt für die weitere Zucht in den flachen Küstenregionen geworden.

Das Pferd der Germanen

Tacitus wie auch Cäsar beschrieben die zeitgenössischen germanischen Pferde als stark und ausdauernd, aber mit relativ kleinen und kurzen Beinen

Ihr Stockmaß muß zwischen 1,48 Meter und 1,56 Meter betragen haben. Merkwürdig, daß Cäsar diese Pferde als klein bezeichnete, vor allem da bekannt ist, daß die Römische Kavallerie überwiegend Pferde einsetzte, die auch nicht größer als etwa 1,50 Meter waren.

Cäsar kann vom Galopp des Pferdes keine hohe Meinung gehabt haben, denn an einer Stelle behauptet er, daß ein junger Legionär einem Pferd der Germanen im Renngalopp mühelos Paroli bieten konnte. Unabhängig von Cäsars Meinung züchtete man in den folgenden Jahrhunderten genau dieses Pferd entlang der Nordseeküste von Dänemark bis Frankreich. Obwohl sich regional voneinander unterschiedliche Typen entwickelten, verliehen die Menschen außerhalb Frieslands diesen Pferden das Etikett Friesenpferd. So kam es, daß das im Gebiet rund um Oldenburg beheimatete Pferd zur "großen und starken friesischen Rasse" gezählt wurde. Auch die an der norddeutschen Küste gezüchteten Pferde glichen den heutigen Friesen. Das galt ebenfalls für das flämische Pferd, das man in Flandern und in Nordfrankreich züchtete.

Im Mittelalter

Im frühen Mittelalter wurde erstmalig durch den Erlaß eines Regelwerks seitens der Obrigkeit die Zucht einheimischer Pferde ermöglicht. Als erster erließ Kaiser Karl der Große Gesetze, die die Pferdezucht betrafen. Allmählich entwickelte sich die Zucht einheimischer Pferde in verschiedene Richtungen, die sich durch deren verschiedene Verwendung herauskristallisierten. So unterschied man damals Reit-, Parade- und Packpferde. Auch züchtete man damals eigens Pferde für den Turnierkampf, die sogenannten Streitrosse, die so stark sein mußten, daß sie die Last eines Ritters in voller Rüstung aushalten konnten. Zu jener Zeit war überall bekannt, daß die besten Streitrösser an den Küsten der Nordsee zu finden waren. Es handelte sich um Friesenpferde.

Wilhelm der Eroberer setzte am 14. Oktober 1406 in der Schlacht von Hastings Pferde ein, die eine große Ähnlichkeit mit Friesenhengsten aufweisen. Auf unzähligen Abbildungen von Rittern und Edelleuten auf Turnierplätzen ist dieses starke und dennoch elegante Pferd, das als Friesenpferd bekannt war, zu sehen.

Auf den Kreuzzügen

Sehr wahrscheinlich sind im Verlauf der Kreuzzüge Friesenpferde mit arabischen Hengsten gekreuzt worden. Die heimkehrenden Kreuzritter saßen nur in seltenen Fällen auf jenem Pferd, mit dem sie zum Kreuzzug aufgebrochen waren. Die Kreuzritter erbeuteten viele arabische Hengste, und später wurden viele Pferde getauscht, gehandelt und gestohlen. Trotz des morgenländischen Einflusses während der Kreuzzüge blieb die elegante, wenngleich ziemlich schwere äußere Erscheinung einheimischer Pferde erhalten. Das leicht geschwungene Nasenprofil des Friesen wird wohl ein Überbleibsel des arabischen Einflusses aus jener Zeit sein. Dieses schwere Pferd ist noch lange Zeit nach Erfindung des Schießpulvers im Jahre 1338 als Kriegspferd par excellence eingesetzt worden.

Ein Pferd zum Präsentieren

Der Friese ist und bleibt ein Pferd zum Präsentieren. Der sächsische Kurfürst Johann Friedrich ritt 1554 auf einem friesischen Hengst zum Reichstag nach Speyer. Auch drei Jahre später saß Johann Friedrich in der Schlacht bei Mühlberg auf demselben Hengst. Damit zog er die Aufmerksamkeit dermaßen auf sich, daß

Durch die Jahrhunderte hinweg immer ein Ausdruckk von Stolz, Grazie und Kraft: das Friesenpferd.

Kaiser Karl V. den Mann von weitem an seinem Pferd erkannte. Offenbar war bereits zu jener Zeit ein friesischer Hengst eine besondere Erscheinung!

Der friesische Hengst war damals ein außergewöhnlich gefragtes Pferd, und sein Ruhm ging weit über die Grenzen seines Zuchtgebietes hinaus. Die Nachfrage nach Friesenpferden war im Ausland so groß, daß derselbe Karl V. ein befristetes Ausfuhrverbot verhängen mußte. Während des Mittelalters stand der friesische Hengst vor allem beim Adel in hohem Ansehen, ganz besonders die Rappen. Zu dieser Zeit gab es Friesenpferde nämlich noch in allen bekannten Farben: fuchsfarbene, braune, falbe Friesen und sogar Schimmel. Erst viel später gingen die Zuchtbemühungen dahin, ausschließlich Rappen zu züchten. Im Jahr 1918 wurde zuletzt eine braune Stute ins Stammbuch eingetragen. Zur Zeit erblickt nur hin und wieder und dann mehr aus Zufall ein fuchsfarbenes Friesenfohlen das Licht der Welt.

Im Jahr 1568

Obschon man auch in fernen Landen das Friesenpferd rühmte, so wurde es zunehmend doch als zu schweres Pferd empfunden. 1538 beschrieb der italienische Politiker und Geschichtsschreiber Francesco Guicciardini das Friesenpferd ziemlich ausführlich. Seiner Meinung nach ist es schön, gut und vor allem für das Kriegshandwerk sehr geeignet, doch viel zu schwer. Danach berichtete er von den Versuchen, das Plumpe und Schwere dieses Pferdes durch das Einkreuzen guter Pferde aus Spanien und anderen Ländern zu verbessern.

Im Jahr 1568 beginnt der Krieg zwischen dem mächtigen, katholischen Spanien Philipps II. und den nach Selbständigkeit strebenden "ketzerischen" Niederlanden, ein Krieg, der achtzig Jahre dauern sollte. Es darf als sicher gelten, daß während dieser Zeit das Friesenpferd durch Einkreuzen mit andalusischen Hengsten, die in großer Anzahl mit den Soldaten ins Land gezogen waren, erheblich verändert worden ist. Ebenfalls im Jahr 1568 fertigte der flämische Maler Jan van der Straat eine herrliche Radierung des Hengstes Phryso an, der Johann von Österreich gehörte. Damit besitzen wir eine sehr schöne Abbildung eines friesischen Hengstes aus jener Zeit. Auch noch im 17. Jahrhundert erfreute sich das Friesenpferd an den Fürstenhöfen Europas großer Beliebtheit. Bis Ende des 17. Jahrhunderts hielten deutsche Kurfürsten in ihren Gestüten viele Friesenhengste.

Das Ende des Ruhms

Im 18. Jahrhundert erlosch der Ruhm des Friesenpferds, wenngleich es als Wagenpferd noch einen guten Namen behielt. Im Lauf des 18., mehr aber noch während des 19. Jahrhunderts beschränkt sich die Zucht und die Verwendung des Friesenpferds mehr und mehr auf die drei nördlichen Provinzen der Niederlande: auf Friesland, Groningen und Drenthe.

Solange noch ein Markt für das barocke Pferd bestand, beherrschten andalusische und neapolitanische Pferde das Handelsgeschehen. Doch die Blütezeit der hohen Schule der Dressur sowie dessen, was man das "Hofreiten" nannte, ging allmählich zu Ende. Zweifellos hat der Niedergang des französischen Adels im Gefolge der Französischen Revolution dazu beigetragen. Der Wandel der feudalen Gesellschaft zu einer bürgerlichen hatte weitreichende Folgen für die Pferdezucht. Der Typus des Barockpferdes geriet mehr und mehr aus der Mode. Es bestand tatsächlich kein Bedarf mehr an solchen Pferden. Die aufkommende "neue Zeit" verlangte nach einem Pferd neuen Typs.

Die Schlacht bei Waterloo

Aus militärischer Sicht markierte die Schlacht bei Waterloo einen Wendepunkt, und die Art der Kriegführung seitdem verlangte nach einem vollkommen anderen Pferdetyp. Dieser neue Typ entstand hauptsächlich durch das Kreuzen einheimischer Rassen mit englischen Vollblutpferden, wodurch die Halbblutrassen entstanden. Diese Entwicklung versetzte vielen einheimischen Pferderassen den Gnadenstoß. Lediglich einige wenige der "altmodischen" Rassen überlebten: die Kladrubber, die Lipizzaner, die Andalusier und... die Friesen. Warum ausgerechnet diese Rassen erhalten blieben, andere dagegen nicht, ist mit letzter Sicherheit nicht zu klären. Die Lipizzaner verdanken ihren Fortbestand möglicherweise dem Konservatismus des Habsburgischen Hofes in Wien. Dort war die Spanische Hofreitschule mit eigener Zucht angesiedelt, und Lipizzaner benötigte man weiterhin als Zugpferde für die kaiserlichen Kutschen. Ähnliche Gründe gelten etwa auch für die Kladrubber. Vermutlich haben die Andalusier dank der besonderen Reitkultur bei den Stierkämpfen überlebt. Die Friesenpferde jedenfalls verdanken ihr Fortbestehen der Hartnäckigkeit und der Beharrlichkeit mehrerer Generationen von Friesen. Diese haben aus Liebe zu ihrem eigenen lebenden Kulturbesitz das Friesenpferd über die kritischsten Perioden seiner Geschichte hinüberretten können.

Bereits im 16. Jahrhundert waren die Friesenpferde auch in Neapel bekannt. Der Stich von Jan van der Straat zeigt den Hengst von Don Juan von Österreich in Neapel 1568.

Eine schwierige Periode

In der zweiten Hälfte des vorigen und zu Beginn unseres Jahrhunderts war ohne Zweifel der absolute Tiefpunkt in der später so ruhmreichen Geschichte des Friesenpferds erreicht. Außer dem guten Namen, den das Friesenpferd sich im vorigen Jahrhundert als Kurzstreckentraber erworben hatte, ist über diese Periode weiter nichts Gutes zu melden. Dies war die Zeit, in der das Friesenpferd, das in puncto Quantität wie auch Qualität ins Hintertreffen geraten war, kaum mehr in reinrassiger Form anzutreffen war. Wenn überhaupt noch in dieser Form vorhanden, so mußte es sich bei einem im Kern unehrlichen Wettkampf als Konkurrent der schweren Pferderassen vom Groninger-Oldenburger Schlag, den sogenannten Bovenländern, durchsetzen. Dieser Wettstreit wäre dem Friesenpferd beinahe zum Verhängnis geworden. Außer einer gelegentlichen Entspannung in Form einer Ausfahrt als Zugpferd, des Ringreitens oder eines Kurzstreckentrabs wartete vor allem auf dem Bauernhof viel und schwere Arbeit. Das Kampfroß mußte zum Lastpferd umgeschult werden, und dafür war dieses Tier mit soviel Adel im Blut eigentlich weniger gut geeignet. Viele Bauern aus den nördlichen Provinzen der Niederlande gingen daher dazu über, die eigens für die schwere Arbeit gezüchteten Bovenländer einzusetzen, oder sie ließen ihre Friesischen Stuten von schweren Oldenburger Hengsten decken. Auf diese Weise wäre es fast zu einer Katastrophe gekommen, nämlich zum Untergang des einzigen erhalten gebliebenen, einheimischen Pferdes.

Friesengespanne vor der Sjees: nirgends schöner zu sehen als bei der "Friesenquadrille".

Am 1. Mai 1879 wurde dann die Vereinigung "Het Paardenstamboek" gegründet und man begann, Pferde mit ausreichender Qualität darin einzutragen. Als man 1913 schließlich nur drei Stammbuchhengste zur Zucht einsetzen konnte, rief man die Vereinigung "Het Friesche Paard" ins Leben, um diese Pferderasse vor dem Aussterben zu bewahren.

Das Arbeitspferd

Nach dem Tiefpunkt von 1913 stand eines fest: die Eintragung ins Stammbuch mußte wieder vollkommen eigenständig vorgenommen werden, und das Friesenpferd sollte auf dem Bauernhof neben dem Bovenländer bestehen können. Daher mußte Eleganz hinzugefügt und Kraft entwickelt werden. Dies führte schließlich zu einem etwas kleinen und schwer gebauten Friesen. Es entstand ein äußeres Erscheinungsbild, das wir inzwischen nicht mehr gerne sehen, damals jedoch eine notwendige Anpassung im Rahmen jener Ziele darstellte, die man im Auge hatte: mächtigerer Körperbau, schwerer Hals, ziemlich kräftige Schultern, kurze Vorderbeine und grobe Gelenke. So sollte das Pferd aussehen, das für die Arbeit auf dem Bauernhof bestimmt war. Und so geschah es auch.

In der Periode zwischen den beiden Weltkriegen erholte sich die Zucht des Friesenpferds langsam. Während des Zweiten Weltkriegs und kurz danach war sogar die Rede von einer gewissen Blüte. Zum Glück waren Merkmale wie Adel und Eleganz tief genug in den Genen dieser alten Rasse verankert, denn diese sollten in einer jüngeren Phase ihrer Geschichte noch eine wichtige Rolle spielen. Doch soweit war man längst noch nicht. Erst mußte das Friesenpferd noch durch ein Nadelöhr.

Mechanisierung der Landwirtschaft

In den sechziger Jahren steckte die Pferdezucht in einer Krise, deren Ursachen in einem weit größeren Maße unumkehrbar und unabwendbar waren als während der Krise von 1913. War es damals um die Konkurrenz verschiedener Pferderassen auf regionaler Ebene gegangen, so stand diesmal die weltweite Abschaffung des Pferdes als Kraftquelle auf den landwirtschaftlichen Betrieben auf dem Programm! Durch die in unerwartet forschem Tempo fortschreitende Mechanisierung der Landwirtschaft wurden sehr bald sämtliche Pferde auf dem Bauernhof "überflüssig". Den meisten Bauern fehlte es an Geld und Zeit, um sich Pferde nur zum Vergnügen zu halten. Der Fortschritt war unaufhaltsam. Doch neben den unleugbar vielen Vorteilen brachte er auch viel Verdruß: Es dauerte noch Jahre, bevor der ansonsten so nüchterne friesische Bauer ohne Tränen von jenem Tag berichten konnte, da die Pferde seinen Bauernhof verließen. Erneut und bereits zum zweiten Mal innerhalb eines Jahrhunderts wurde das Friesenpferd vom strukturellen Untergang bedroht. Diesmal hätte es sogar noch ernster werden können. 1965 waren nur noch etwa 500 Stuten im Stammbuch registriert

Der Wendepunkt

Aber auch in diesem Fall erhoben sich Friesen, um die Alarmglocke für ihr Friesenpferd zu läuten. Sie organisierten "Kreuzzüge" durch die nördlichen Provinzen, um die Aufmerksamkeit auf die ernste Lage des Friesenpferds zu lenken. Wahrscheinlich wären diese wohlgemeinten Anstrengungen, so rührend sie auch waren, im Sand verlaufen, wäre nicht just in diesem Augenblick ein mächtiger Umstand dem Friesenpferd zu Hilfe gekommen: der alles umfassende Einfluß einer sich verbessernden wirtschaftlichen Lage.

Mit dem wachsenden Wohlstand mehrten sich die Möglichkeiten, für Erholung und Entspannung mehr Zeit und mehr Geld aufzuwenden. Dadurch erhielt das Friesenpferd eine unerwartete, neue Chance! Dies bedeutete endlich den Wendepunkt. Hier beginnt die glorreichste Episode in der Geschichte des Friesenpferds, nämlich die jüngste! Durch seine außergewöhnliche Intelligenz, Folgsamkeit, Vielseitigkeit und nicht zuletzt sein ansprechendes Äußeres erschien das Friesenpferd als idealer und geliebter Gefährte, wenn man seine Freizeit sportlich gestalten wollte. Für die vielen Formen des Gespannfahrens, wozu der stark aufgekommene kombinierte Wettkampfsport zählt, erschien das Friesenpferd als besonders geeignet. Auch wurden die Möglichkeiten des Friesen für die Dressur innerhalb kürzester Zeit wiederendeckt.

Vom "Arbeitstier" zum vielseitigen Alleskönner

Einigen Menschen aus jener Zeit, die sich um das Friesenpferd verdient gemacht haben, tut man Unrecht, wenn man die "Wiederauferstehung" des Friesenpferds ausschließlich auf wirtschaftliche Ursachen zurückführt. Es waren äußerst fähige Inspektoren und Vorstandsmitglieder, die früh genug bemerkten, daß man das Ruder herumwerfen mußte. Gerade noch zur rechten Zeit hatten sie erkannt, daß das Pferd als Arbeitstier ausgedient und keine Zukunft mehr hatte. Es wurde nun ein Zuchtprogramm aufgestellt, das sich zum Ziel setzte, das Friesenpferd für die Verwendung innerhalb von Freizeit- und Sportaktivitäten geeigneter zu machen, ohne dabei etwas vom friesischen Rassetypus aufgeben zu müssen. Daher richteten sich sämtliche Bemühungen darauf, ein brauchbares und vielseitiges Pferd mit besonderer Betonung der Eleganz und der Bewegung zu züchten.

Es steht fest, daß in den letzten fünfzehn Jahren auf diesem Gebiet wichtige Fortschritte zu verbuchen sind. Dieser Fortschritt wäre in so kurzer Zeit nicht möglich gewesen, wenn viele dieser geforderten Eigenschaften nicht bereits tief im Erbgut des Pferds verankert gewesen wären!

Das vielseitige Friesenpferd

Nun war kein Halten mehr. Auf Weltniveau tauchten Friesen im Vierspänner bei Fahrprüfungen auf. Die Landesmeisterschaft in der Dressur für Männer gewannen in der schwersten Klasse... Friesenpferde! Friesische Hengste wurden friesische Meister in der Dressur! Doch vor allem zog das Friesenpferd als Schaupferd die Aufmerksamkeit auf sich. Es war wieder genauso, wie es früher war: es war ein Pferd zum Präsentieren...

Als erster entdeckte in den Nachkriegsjahren der Zirkus Strassburger den enormen Schauwert der Friesenpferde. Zur Zeit gibt es kaum noch einen Zirkus, der nicht eine Freiheitsdressur mit friesischen Hengsten in seinem Programm hätte. Vorführungen von Weltniveau sind seitdem entwickelt worden, beispielsweise die "Friesische Quadrille" und das prächtige "Friesische Hengstkarussell", bei dem zwölf Deckhengste Figurenformationen vorführen. Solche Nummern mit Friesenpferden sind gegenwärtig sehr beliebt und zählen zum Allerfeinsten auf diesem Gebiet.

Mekka der Friesenpferde

Die Spitzenattraktion bilden jedoch noch immer die Friesischen Hengste selbst. Sie geben die stilvolle Visitenkarte des Stammbuchs ab. Etwa 6000 Liebhaber des Friesenpferds aus aller Welt reisen alljährlich im Januar ins Mekka nach Leeuwarden: zur Hengstkörung der Jährlinge. Aus Anlaß der Körung der jungen wie alten friesischen Deckhengste wird dort die Wiederauferstehung des Friesenpferds gefeiert.

FRÜHLING DER FRIESENHENGSTE

Pro Jahr werden ca. 2.000 Friesenhengst-fohlen weltweit geboren.

Die Fohlen werden mit einem pechschwarzen "Persianermantel" geboren, wechseln aber im Laufe ihrer Jugend das Deckhaar ins Braune um dann später wieder schwarz zu werden.

Das Frühjahr wurde bereits von Vivaldi in seinen "Vier Jahreszeiten" unvergeßlich beschrieben. Man vergegenwärtige sich die jubilierenden Töne von Vivaldis Frühling im Geiste und stelle sich dazu einen blauen Himmel über einer grünen Weide vor, auf der eine alte Eiche steht. Zu deren Füßen grasen drei pechschwarze friesische Stuten mit drei munter springenden Fohlen. Ein solches Frühjahr kann man nie mehr vergessen.

Im ewigen Kreislauf der Natur nimmt das Frühjahr einen bedeutsamen Platz ein. Es ist die Zeit, da das Leben am stärksten pulsiert, alles vor lauter Lebenslust überschäumt, es ist jener Augenblick des Jahres, da die Natur sich erneuert. Aber diese Erneuerung ist nie modisch, es ist keine Erneuerung nur um der Erneuerung willen. Stets wird alles neu, damit man das Alte bewahren kann. So wie ein alter Baum alle Jahre wieder neue Blätter trägt und eine friesische Stute im Frühjahr ein Fohlen wirft.

Die friesische Pferderasse gleicht einem sehr alten Baum, der inzwischen seine Äste und Zweige über alle Teile der Welt ausbreitet. Seine Wurzeln sind irgendwo im Küstenboden an der alten See fest verankert, dort, wo stets viel Wasser und gute Erde vorhanden sind. Er hat viel, sehr viel durchstehen müssen. Stürme, in denen er beinahe all seine Äste verloren hätte, doch er, der alte Baum, hat standgehalten. Überschwemmungen, bei denen er zu ertrinken drohte, doch gerade noch rechtzeitig hat sich das Wasser in die See zurückgezogen. Vor nicht allzu langer Zeit hat man auf seinen Wurzeln eine Autobahn gebaut, doch ihm blieb noch genug Kraft, um neuen Grund für die Wurzeln zu finden.

Trotz all dieser Bedrohungen steht er nun da, stärker als je zuvor, und prangt in der Sonne. Aus nah und fern kommen die Menschen, um ihn zu betrachten. Sie stehen dort am Rand der Weide und bewundern ihn um seiner prächtigen Form und Vitalität willen. Der alte Baum ist müde, doch sehr zufrieden, und genießt die Frühjahrssonne. Zu seinen Füßen grasen schwarze Pferde mit Fohlen. Aus der Ferne weht Vivaldis Musik herüber. Nie war das Frühjahr schöner als jetzt.

Voller Selbstbewußtsein und Stolz schaut dieser junge Friesenhengst in die Zukunft.

Was einer Hengstkörung vorausgeht

Pro Jahr werden ungefähr 4.000 friesische Fohlen geboren. Die Hälfte davon sind Hengstfohlen. Die erste Vorauswahl nehmen die Züchter selbst vor. Ein Deckhengstkandidat muß eine sehr gute Abstammung nachweisen. Das wissen die Züchter selbst am besten. Wenn in der mütterlichen Linie nicht wenigstens dreimal hintereinander ein Sterprädikat verzeichnet ist, weiß er sogleich, daß er daran überhaupt nicht denken braucht. Zudem kennt er die hohen Anforderungen des Stammbuchs nur zu gut: falls er nicht sicher weiß, daß er etwas ganz besonderes im Stall stehen hat, verschwendet er keinen überflüssigen Gedanken daran. Die jungen Hengste werden in dem Jahr vorgestellt, in dem sie drei Jahre alt werden. Die meisten Hengste sind zu dieser Zeit längst Wallache und schon verkauft worden. Von den Hengstfohlen eines Jahrgangs melden sich, nach einer Vorauswahl durch die Züchter, schließlich etwa 15 Prozent zu einer Spermauntersuchung beim Veterinärmedizinischen Gesundheitsamt an. Nach der Überprüfung der Spermaqualität bleiben ungefähr 5 Prozent des ursprünglichen Jahrgangs übrig.

Bis zum Alter von drei Jahren bleiben die Junghengste zumeist im Herdenverband und können auf diese Weise ihr Sozialverhalten ausbilden.

(rechts)
Ein Friesischer Deckhengst-Kandidat muß in seiner Abstammung mindestens dreimal hintereinander ein Sterprädikat mütterlicherseits vorweisen.

Jeder Züchter versucht seinen Hengst optimal auf die Körung vorzubereiten.

Die Hengstkörung

Den Augen der Inspektoren entgeht nicht der geringste Fehler.

Die Anforderungen für eine Anerkennung als Deckhengst sind nur außergewöhnlich schwer zu erfüllen.

Der Unterschied zwischen "Ausmusterung" und "Anerkennung" als Deckhengst bedeutet auch eine Entscheidung über Ruhm oder Vergessenheit.

Ein Hengst muß sich sowohl im Stand als auch in der Bewegung den Inspektoren zeigen.

Die Hengstkörung

Der Einfluß eines Deckhengstes auf die Population friesischer Pferde ist um ein Vielfaches größer als der einer Stute. Falls ein Hengst eine unerwünschte Eigenschaft an seine Nachkommen weitergibt, kann der negative Einfluß auf die Zucht im nachhinein gesehen beträchtlichen Schaden anrichten. Aus diesem Grund sind die von der Königlichen Vereinigung "Het Friesch Paarden-Stamboek" aufgestellten Anforderungen für eine Anerkennung als Deckhengste außergewöhnlich schwer zu erfüllen. Wie hoch diese Ansprüche geschraubt sind, kann man gut erkennen, wenn man sich ein Bild von einer Anzahl Hengstfohlen eines Jahrgangs macht, die es schließlich bis zur Anerkennung als Deckhengst bringt!

Am Freitag der Körung

Die jungen Hengste müssen sich an einem Freitag Mitte Januar des folgenden Jahres zum erstenmal dem strengen Auge der Prüfungskommission des Hengst-Stammbuchs stellen. Diese setzt sich stets aus den Inspektoren des Stammbuchs zusammen. Erst jetzt beginnt die wirkliche Auswahl. Am ersten Tag der Hengstkörung wird bereits die erste Auslese vorgenommen. Am Abend wird bekanntgegeben, welche jungen Hengste an der endgültigen Auswahl am Samstag teilnehmen dürfen. Daraufhin müssen sie noch am Freitagabend eine strenge tierärztliche Untersuchung über sich ergehen lassen.

Traditionellerweise werden Hengste, die älter als 13 Jahre alt sind, am langen Zügel vorgestellt.

Die Nerven der Besitzer sind bis aufs Äußerste gespannt.

Am Samstag der Körung

Am Samstag der Hengstkörung wird es wirklich spannend: etwa 25 junge Hengste scheinen den Freitag der Körung überstanden zu haben. Die übrigen hundert sind bereits auf dem Weg nach Hause. Nach der zweiten Besichtigung, womit am Samstag begonnen wird, sind noch ungefähr 15 junge Hengste im Rennen für die letzte und abschließende Runde, die dritte Besichtigung. Bevor das endgültige Urteil gefällt wird, werden die Hengste vermessen. Man will feststellen, ob sie das Mindeststockmaß für dreijährige Pferde erreicht haben. Für dreijährige Hengste gilt ein Mindeststockmaß von 1,58 Meter. Vierjährige Hengste müssen wenigstens 1,60 Meter vorweisen. Dann folgt unmittelbar darauf die letzte und für die Besitzer wie für das Publikum spannendste Runde der Körung. Der Unterschied zwischen Anerkennung und Ausmusterung in dieser Runde bedeutet den Unterschied zwischen ewigem Ruhm und Vergessenheit. Auch in Geld ausgedrückt ist dieser Unterschied bedeutend größer geworden und kann zwischen 90.000 bis 150.000 DM betragen. Wen wundert es da, daß die Nerven der Besitzer bis zum äußersten gespannt sind. Laute Begeisterungsrufe vom Publikum sind vernehmbar, nachdem die Prüfungskommission ca. zehn bis zwölf junge Hengste für die zentrale Untersuchung in Drachten auserkoren hat. Die Verlierer verlassen mit tief gebeugtem Haupt und schweigend die Arena. Lediglich ein Prozent aller Hengstfohlen hat die Zulassung für Drachten ergattert.

Die Prämienkörung

Danach folgt die Prämienkörung der vierjährigen und älteren friesischen Deckhengste. Zuerst kommt die Aushebung des Vorjahrs an die Reihe. Gut zu erkennen ist, daß die Hengste zwischen ihrem dritten und vierten Lebensjahr mehr Muskeln angesetzt haben und erwachsener geworden sind. Für die Kenner im Publikum - und die stellen die Mehrheit - sind es inzwischen bekannte Persönlichkeiten geworden. In einem stärkeren Maße gilt dies für die jüngeren Jahrgänge, die danach auftreten. Die verschiedenen Körungsrunden wechseln sich wiederholt mit Showeinlagen ab, bei denen der Schwerpunkt vor allem auf den sportlichen Leistungen und den Showqualitäten Friesischer Hengste liegt. Eine feine Dressurprüfung oder ein Pas-de-deux bringen etwas Ruhe nach der Aufregung einer Körung.

Der "Kampioen" entspricht am meisten dem Zuchtziel.

Die älteren Hengste

Bis zum Alter von dreizehn Jahren werden alle Hengste in ihrer eigenen Rubrik nominiert und erhalten eine Prämie. Durch die Rangordnung der Hengste nach Qualität gibt die Inspektion zu erkennen, welche Tiere ihrer Ansicht nach in puncto Erscheinungsbild und Bewegung am meisten dem Zuchtziel entsprechen. Ein Züchter kann dies bei der Auswahl des Deckhengstes für seine Stute berücksichtigen. Daher erhält die Hengstprüfung für den Züchter vor allem den Wert einer Orientierung. Die jüngeren Hengste müssen jedes Jahr mindestens viermal auf regionalen Wettkämpfen auftreten. Die Resultate dieser Wettkämpfe, die im Prüfungsbuch abgedruckt werden, dienen dem Züchter ebenfalls als Orientierungshilfe.

Traditionellerweise werden Hengste, die älter als dreizehn Jahre alt sind, nicht mehr bewertet und erhalten zum Zeichen der Anerkennung eine orangefarbene Schleife. Sie haben stets eine beeindruckende Liste mit Leistungen vorzuweisen. Dennoch erwartet man von ihnen, daß sie dem Publikum vorgeführt werden, und zwar vorzugsweise am langen Zügel. Dieser Programmpunkt der Hengstkörung hat sich im Lauf der Jahre zu einer phantastischen Vorführnummer entwickelt. Dies ist wirklich die Apotheose der Körung! Die "älteren Herren" führen noch einmal vor, was sie können und stehlen vielen der "jüngeren Herren" die Show! Das Publikum steht auf den Sitzen und jubelt, feuert seine Favoriten an und hofft noch auf eine Ehrenrunde in der Frieslandhalle. Das gemeinsame Auftreten der jüngst verstorbenen Hearke und Reitse in dieser Rubrik bleibt unvergessen für alle jene, die dies einst miterlebt haben. In jenen Augenblicken feiern sämtliche Anwesenden den Triumph des Friesenpferds, das während seiner Geschichte so oft am Rand des Abgrunds gestanden hat, hier aber vorführt, wie erfreulich lebendig es noch ist.

Das Exterieur des Friesenhengstes

PFERDEMATHEMATIK

Die Körung eines Pferdes ist in Wirklichkeit nichts anderes als das Aufzählen guter und weniger guter Elemente beim Körperbau eines Pferdes, erweitert um die Bewertung der Qualität seiner Bewegung, in der Regel nur im Schritt und im Trab. Bei der Prüfung eines Hengstes ist dies im Prinzip nicht anders als bei der Prüfung einer Stute, mit dem einen Unterschied, daß bei der Beurteilung eines Hengstes viel strengere Maßstäbe angelegt werden. Das ist nur logisch und gerechtfertigt, da der Hengst einen viel größeren Einfluß auf die Population besitzt als die Stute. Berücksichtigt man die zukünftige Entwicklung bei der künstlichen Befruchtung, ist es nicht undenkbar, daß ein Hengst während seines Lebens ungefähr 2000 Nachkommen zeugt. Auch eine sehr fruchtbare Stute wird es dagegen nicht auf viel mehr als 10 bis 15 Nachkommen bringen. Von diesem Standpunkt aus betrachtet läßt sich daher durchaus rechtfertigen, daß man sich bei der Prüfung eines Hengstes viel strenger verhält als bei einer Stute.

Wenn wir das Kören von Tieren wörtlich so auffassen wie hier beschrieben, dann ließe sich mit Hilfe der modernen Meßtechnik bei der heutigen Körungsroutine noch einiges verbessern. Das meiste bei den "guten und weniger guten Elementen im äußeren Erscheinungsbild eines Pferdes" ist nämlich durchaus meßbar. Warum sollten wir uns darauf beschränken, nur das Stockmaß eines Pferdes zu messen? Warum können wir nicht auf dieselbe Weise die Rückenlänge oder die Neigung des Schulterwinkels messen, statt uns mit Äußerungen zufriedenzugeben, die da lauten: "Der Rücken könnte kürzer sein" und "die Schulter ist etwas steil"? Ein einfacher hölzerner Zirkel mit einem Zirkelbein auf dem Sitz- und dem anderen auf dem Hüftbeinhöcker oder ein noch einfacherer Winkelmesser aus Holz zum Messen des Schulterwinkels könnte uns ein gut Stück weiterhelfen. Könnten wir uns nicht viel unnötige Diskussionen ersparen, wenn wir nach einer Messung uns exakt darüber austauschen könnten, wie kurz der Rücken und wie steil die Schulter ist? Ein schönes langes Vorderbein wird bei einem modernen Friesischen Hengst gerne gesehen. Was spricht dann dagegen, das Vorderbein vom Ellbogenpunkt bis zur Fessel zu messen, mit dem gemessenen Stockmaß zu vergleichen und folglich durch Vergleich das ideale Maß für einen Friesenhengst festzulegen? Das Zuchtziel für einen Friesenhengst könnte dann in Form einer mathematischen Formel ausgedrückt werden, in der die idealen Maße des Zuchtziels berücksichtigt sind.

Wenn ein Hengst einen dermaßen großen Einfluß auf die Zucht zu haben scheint, warum sollten wir dann unbedingt an unserem geschulten "Zimmermannsauge" festhalten? Ein Zimmermann benutzt doch neben seinem Auge zumindest noch einen Zollstock, einen Winkelmesser, ein Lot und heutzutage dazu noch einige etwas höher entwickelte Meßinstrumente? In der hippologischen Fachliteratur stößt man nicht ohne Grund ständig auf Bleifäden, Dreiecke und geometrische Proportionen. Und dabei ist noch unerwähnt geblieben, welche Hilfe uns der Computer bei den Berechnungen, bei der Zuteilung von Noten für die gemessenen Proportionen, usw. anbieten könnte. Wenn es denn soweit wäre, könnten wir nach den Messungen den Computer mit sämtlichen Daten des zu körenden Hengstes füttern. Der Computer könnte für uns diese "Datenliste" in die "Formel von Hengst X" einsetzen, in der alle gemessenen Werte des geprüften Hengsten eingearbeitet sind. Alsdann vergleicht er die "Formel von Hengst X" mit der "Formel des Zuchtziels", in der die Idealmaße eines Friesenhengstes eingegeben sind. Abschließend könnte uns der Computer eine Note angeben, die ausdrückt, in wieweit "Hengst X" vom angestrebten Zuchtziel abweicht. Mit Hilfe einer schönen Grafik könnte anschaulich und übersichtlich die Zusammensetzung der Note dargestellt werden.

Einer der am meisten ins Auge springenden Vorteile eines solchen Verfahrens bestünde darin, daß der angestrebte Typus des Friesenpferds in Gestalt einer Formel feststeht, wodurch die Einheitlichkeit im Zuchtziel weltweit und auf Jahre hinaus garantiert ist. Kürzlich unternommene kinematische Untersuchungen von den Bewegungen eines Pferdes im Schritt und im Trab haben ergeben, daß die Bewegungen eines individuellen Pferds ähnlich wie ein "Fingerabdruck" in Form einer für dieses Pferd charakteristischen Figur ermittelt werden kann. Was spricht dagegen, die idealen Bewegungen eines Friesenpferds in einem "Fingerabdruck" festzulegen?

Wenn man ein Zuchtziel vor Augen hat, warum schreckt man dann vor der Anwendung von mathematischen Formeln und neuesten Meßtechniken zurück, während diese Methoden auf alle anderen Erscheinungen in unserer Gesellschaft angewandt werden? Warum werden die einfachsten Meßmethoden abgelehnt, wo wir doch ständig mit solch unpräzisen Begriffen hantieren wie "etwas zu kurz" und "etwas zu schräg"? Was hindert uns daran, die gebräuchlichsten modernen Meßtechniken anzuwenden, wenn wir doch bei der Pferdekörung nichts anderes tun als ständig zu messen und abzuwägen? Streben nicht alle modernen Vorstellungen über das Kören von Pferden danach, zu einer stets objektivierbareren Bewertung zu gelangen?

Ich kann mir jetzt vorstellen, daß der Leser dieses Plädoyers für eine Anwendung präziserer Meßmethoden bei der Körung Friesischer Hengste inzwischen etwas unruhig geworden ist. Immerhin erwartete er doch eine Beschreibung des Körperbaus eines Friesenhengstes. Dennoch erschien mir dies als Einführung ins Thema geeignet, da diese Überlegungen uns direkt zu dem großen Dilemma führen, das uns bei der Pferdekörung begegnet und insbesondere beim Friesenhengst in der Regel eine unbewußte Rolle spielt.

Worin besteht dieses Dilemma? Es ist dies der Widerspruch zwischen unserer Neigung, präzise sein, alles messen und in Formeln festschreiben zu wollen, und unserer Neigung, genau dies nicht zu tun, sondern bewundernd auf die Schönheit zu starren und sie zu genießen. Genau darum handelt es sich, nämlich um:

Das klassische Dilemma zwischen Kopf und Herz

Vom Verstand aus betrachtet ist nichts gegen diese angeführten neuen Vorstellungen einzuwenden, nur... unser Herz lehnt sich dagegen auf. Es wäre nämlich doch wirklich furchtbar, wollte man das äußere Erscheinungsbild eines Friesenhengstes ausschließlich mit Hilfe objektivierbarer Begriffe beschreiben. Wir wagen nicht daran zu denken, daß ein

(oben)
Die Kruppe ist leicht gespalten, der volle Schweif ist tief angesetzt.

(unten)
Der Hals darf nicht zu tief an der Brust ansetzen.

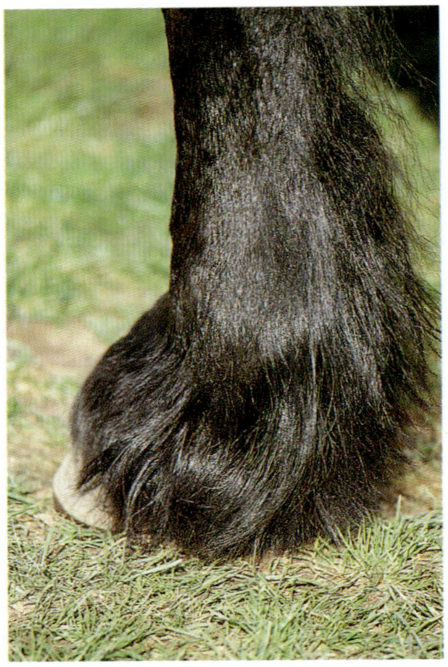

Der Kötenbehang sollte ausreichend voll sein.

Der Schweif muß voll und breit sein und fast bis zum Boden reichen.

Ein "Muß" für einen Friesenhengst ist langes und volles Mähnenhaar mit ebensolcher Mähnenspitze.

Leicht nach oben gebogene Nasenlinie in der unteren Hälfte des Profils.

Friesenhengst auf eine mathematische Formel reduziert werden könnte. Wie könnten wir jemals den Wert "Ausstrahlung" dem Computer verständlich machen? Und was ist von Werten wie "Stolz" oder "Adel" zu halten? Was macht der Computer mit "Triumph" oder "Tragödie"? Sind das nicht etwa genau die Begriffe, auf die wir nicht verzichten können, wenn wir die Schönheit eines Friesenhengstes beschreiben? Es stimmt: Das Ganze ist mehr als die Summe seiner Bestandteile! Und gegenüber dieser Art von Präzision versagt sogar der Computer.

DAS ÄUSSERE ERSCHEINUNGSBILD DES FRIESENHENGSTES

Die ersten beiden Forderungen, die wir an das äußere Erscheinungsbild eines Friesenhengstes stellen, müssen sein: daß sein Äußeres friesisch und das eines Hengstes ist! Mit anderen Worten: ein Hengst muß dem vollkommenen Rassetypus entsprechen und muß ein "Vatertier" sein.

RASSETYPUS

Selbstverständlich muß der Hengst weitgehend über die rassetypischen Eigenschaften eines Friesenpferdes verfügen. Dies bedeutet, daß er zu allererst schwarz sein muß. Während bei einer Stute ein weißer Stern oder "ein paar weiße Stichelhaare am Kopf" noch akzeptiert werden, reduziert dies bei einem Hengst die Aussicht auf eine Anerkennung auf eine rein theoretische Möglichkeit. Und wenn wir schwarz sagen, dann meinen wir pechschwarz, denn innerhalb der Rasse kommen verschiedene Schwarztöne vor.

Das Braunschwarz, das bei ziemlich vielen Stuten auftritt, ist bei einem Hengst sicherlich unerwünscht. Ein wesentlicher Bestandteil, der beim Friesenpferd als "rassetypisch" gilt, ist der Behang. Beim Hengst sollte dieser Behang in einem noch größeren Maße vorhanden sein als bei einer Stute. Ein "Muß" ist also langes und volles Mähnenhaar mit ebensolcher Mähnenspitze. Ebenso ein voller, breiter und beinahe bis auf den Boden reichender Schweif und ein ausreichender Kötenbehang. Neben einer vollkommen schwarzen Färbung sind diese Bedingungen bei einem Friesenhengst unverzichtbar. Zum Rassetypus gehört auch die Form des Halses: ein Friesenhengst muß eine "Kappe" sein eigen nennen, und zwar eine deutliche gebogene Oberlinie als Unterteil eines aufwärts, nicht jedoch vorwärts gerichteten Halses. Das Nasenprofil ist ebenso typisch für die friesische Rasse: die Nasenlinie der Friesen ist zuweilen in der unteren Hälfte des Profils leicht nach oben gebogen. Dann der Trab: zu allererst muß dieser weit ausgreifend sein, wobei die treibende Kraft von der Hinterhand entwickelt wird. Dabei kommt es darauf an, daß das Hinterbein völlig unter den Körper gebracht wird, also völlig "tragend" ist, was für den schwebenden Eindruck sehr wichtig ist. Für die Rasse typisch ist der Einsatz des Vorderbeins, das durch viel Knieaktion gekennzeichnet wird, mit einer weit ausgreifenden Bewegung aus der breiten Schulter.

VATERTIER

So wie eine Stute eine ausgeprägt weibliche Ausstrahlung besitzen sollte, so muß ein Deckhengst eine unverkennbar männ-

Friesen-Stammbuchhengste müssen "Vatertiere" mit männlicher Ausstrahlung sein.

liche Ausstrahlung vorweisen. Der eingebildete Anführer der Herde also... Eben dies meinen wir, wenn wir davon reden, daß ein bestimmter Hengst ein echtes "Vatertier" ist. Manche Hengste besitzen etwas "Königliches" in ihrer Ausstrahlung. Ein modernen Friesenhengst muß auf jeden Fall auch "elegant" sein, ohne daß allerdings diese "Eleganz" zu Lasten der Gediegenheit geht. "Gedrungener Körperbau" oder "Püppchenhaftigkeit" gehören einfach nicht zu einem Deckhengst! Ein Hengst muß Format haben und daher "großrahmig" gebaut sein.

Die äusseren rassetypischen Merkmale

Der Kopf sollte vornehm sein, auf keinen Fall zu lang, lieber etwas kurz und die Ohren klein, deren Spitzen zueinander gerichtet stehen. Die Stirn sollte schön breit sein, das Auge hell und glänzend. Das Nasenprofil darf in der unteren Hälfte etwas gewölbt sein, das ist rassetypisch. Ein Ramskopf ist unerwünscht. Die Lippen müssen geschlossen sein. Am schönsten sind breite Nüstern und ein nicht zu schwerer Kiefer. Der Nacken sollte schön gestreckt sein, ab den Ohren so etwa zwischen 10 und 15 Zentimeter lang, der Kehlgang nicht zu schwer. Der Hals muß eine vollkommene Länge haben, aufrecht stehen und eine schöne "Kappe" haben. Natürlich ist der Hals beim Hengst schwerer als bei der Stute, jedoch darf er nicht zu schwer ausfallen. Ein Hals, der zu tief an der Brust ansetzt, ist unerwünscht. Die Schulter muß Länge aufweisen, und die Lage ist kaum zu schräg. Eine schräge Schulter ermöglicht leichter eine weit ausgreifende Bewegung der Vorderbeine. Günstig ist ein gut entwickelter Rist, der vollständig bis zum Rücken durchläuft. Dieser sollte nicht zu lang sein. Ideal ist eine leicht schräge Schulter, ein gut entwickelter, weit bis in den Rücken laufender Rist und eine Kruppe von ausreichender Länge. In diesem Fall ist der Rücken auch nicht zu lang. Der Rücken muß gut mit Muskeln besetzt sein wie auch die Lendenpartie, die von großer Wichtigkeit ist, da sie Hinterhand und übrigen Körper wie eine Brücke verbindet. Aus denselben Gründen müssen die Lenden breit genug sein, und die Verbindung zwischen Lenden und Kruppe, genau wie jene zwischen Hals und Rücken, muß fließend sein.
Die Kruppe des Friesenpferds ist geneigt, der Schweif setzt tief an.

Die Schenkelmuskeln müssen fast bis zur Hinterhand durchlaufen. Die Vorderwie die Hinterbeine müssen gut angesetzt und von korrektem Stand sein. Bei einem Deckhengst kann kein einziger Beinfehler akzeptiert werden. Die Beinarbeit muß von guter Qualität sein, das heißt hart und trocken. Der Brustkorb muß tief genug, darf aber nicht tonnenförmig sein, so wie man das früher zuweilen sah.

Schließlich das Stockmaß: nach dem Reglement muß ein dreijähriger Friesenhengst mindestens ein Stockmaß von 1,58 Meter erreichen und ein vierjähriger wenigstens 1,60 Meter. Ein schönes Stockmaß für einen Hengst bewegt sich zwischen 1,60 und 1,68 Meter. Größer ist eigentlich unerwünscht, denn das geht häufig zu Lasten des Rassetypus.

Ein Hengst muß "großrahmig" gebaut sein und ohne Fehler im Exterieur.

Die Blutlinie der Friesischen Stammbuch-Deckhengste

Sjaard 320, ein Hengst mit Anlagen für den großen Sport.

Links: Rypke 321, ein Sohn des in Deutschland stationierten Stammbuchhengstes Feitse 293.

Eine gute Zucht

Die Zucht des Friesenpferdes findet seit 1879 innerhalb eines geschlossenen Stammbuchs statt. Dies bedeutet, daß von jenem Jahr an eine reine Züchtung ohne Zufuhr von "fremdem" Blut durchgeführt wird. Angesichts der Tatsache, daß in einem solchen Fall alle Pferde auf eine Anzahl gemeinsamer Vorfahren zurückgeführt werden können, reden wir zuchttechnisch gesprochen von "Familienzucht". Die Inzucht ist an sich etwas anderes als die Familienzucht, wenngleich man sie bei der Familienzucht im Auge behalten muß. Vor allem in Zeiten, da die Anzahl der deckenden Hengste gering war und die gegenseitige Verwandtschaft anwuchs, stellte die Inzucht für das Friesenpferd eine ernsthafte Gefahr dar. Alle Züchter wissen, daß die Inzucht die Züchtung günstig beeinflussen kann, solange dadurch der Einfluß guter Eigenschaften verstärkt und gekräftigt wird. Eine zu große Inzucht dagegen führt zu einer verminderten Vitalität, einer geringeren Fruchtbarkeit und einer Zunahme angeborener Behinderungen. In dieser Hinsicht kann sie zu einer regelrechten Bedrohung für das Überleben einer Rasse werden. In der Vergangenheit hat das "Friesch Paarden Stamboek" sich immer aktiv für den Kampf gegen die Gefahr einer Inzucht engagiert. Die wich-

tigsten Mittel dabei waren: Beratungsprogramme für die Paarung und Aufklärung seiner Mitglieder. Die Inzuchtprozentsatz aller Hengste ist bekannt, und bei jeder durchgeführten Kreuzung kann man daher einfach beim Büro des Stammbuchs den Inzuchtprozentsatz erfragen. Dabei ist man bestrebt, bei der durchgeführten Kreuzung einen Inzuchtprozentsatz von möglichst weniger als 5 Prozent, auf jeden Fall aber von weniger als 10 Prozent einzuhalten. Zum Glück läßt sich seit einigen Jahren beobachten, daß die Inzuchtproblematik durch die Verbreitung des Blutes in der stark angewachsenen Population überwunden ist. Dieser Tatbestand ist sehr wichtig, da eine geringe Gefahr durch Inzucht eine größere Auswahlmöglichkeit unter den Hengsten erlaubt, und diese wiederum führt zu erweiterten Möglichkeiten, an der Verbesserung anderer Eigenschaften zu arbeiten. Trotz aller Probleme in der Vergangenheit auf diesem Gebiet hat das Stammbuch es stets als seine vornehmste Aufgabe angesehen, eine reine Zucht des Friesenpferds zu ermöglichen. Wer nun daherkommt und behauptet, ein Friesenpferd müsse ein Friesenpferd bleiben, kann sogleich mit Beifall rechnen. Doch habe ich Zeiten gekannt, da man für eine solche Behauptung mehr Mut aufbringen mußte als heutzutage!

Die zentrale Prüfung in Drachten

Bevor man junge Friesenhengste als Deckhengst betrachten darf, müssen sie noch eine schwere Fähigkeitsprüfung bestehen. Diese wird im April nach der Hengstkörung im Friesischen Pferdezentrum in Drachten durchgeführt. Während der sogenannten "Zentralen Prüfung für junge Hengste" werden die ausgewählten Tiere noch auf ihre Anlage und Brauchbarkeit für den Sport ausführlich getestet. Bevor die jungen Hengste jedoch im April nach Drachten gebracht werden, müssen sie sich zuvor einer ausführlichen Röntgenuntersuchung ihrer wichtigsten Gelenke unterzogen haben. Diese Kontrolle findet im Veterinärmedizinischen Institut der Universität Utrecht statt.

Bei ihrer Ankunft in Drachten sind die Hengste noch "grün". Während der 55 Tage andauernden Prüfungen müssen sie sich einem intensiven Lehr- und Trainingsprogramm unterziehen. Eine sachkundige Prüfungskommission stellt täglich ein entsprechendes Programm auf. Die Hengste werden im Tragen von Sattel und Reiter unterwiesen und trainiert. Zugleich müssen sie am Ende des Trainings eine Prüfung im Geschirr und eine Zugprüfung bestehen. In 55 Tagen muß also eine Menge gelernt werden!

(links und rechts)
Bewegungen, wie man sie von Friesenpferden so nicht kannte. Ulke 338, ein Hengst aus der zuletzt angekörten Generation zeigt, wie kraftvoll und doch geschmeidig Friesenhengste sein können.

In regelmäßigen Abständen wird als Erholung von dem prall gefüllten Lernprogramm ein freier Tag zwecks Erholung und Entspannung eingeschoben, damit die Tiere frisch und lernbegierig bleiben. Es ist ein schöner Anblick, die Tiere an einem solchen Urlaubstag in den Wäldern rund um Drachten galoppieren oder sogar mit einem Zureiter in einem örtlichen Teich schwimmen zu sehen.

Das Abschlußexamen dauert zwei Tage. Verlangt werden eine Reit-, eine Mann-, eine Geschirr- und eine Zugprüfung. Selbstverständlich werden für die Grundgangarten Schritt, Trab und Galopp gesonderte Noten erteilt. Eine ungenügende Bewertung in einer der Grundgangarten bedeutet fast immer, daß das Examen nicht bestanden ist. Abschliessend werden noch für Trainings-, Stallverhalten und für Charakter Noten vergeben. Nach dem Abschluß der Prüfungen erstellt die Prüfungskommission noch einen Bericht über ihre Befunde für die Hengstkörungskommission, und diese ihrerseits läßt der Leitung des Stammbuchs eine Mitteilung zukommen.

Endlich...

Endlich kommt dann jener Augenblick, auf den alle gewartet haben. Endlich wird mitgeteilt, auf welchen der Hengste eine Zukunft als Deckhengst wartet. Die Freude der Besitzer kennt natürlich keine Grenzen. Doch der Kummer der Verlierer wiegt schwer. Die erfolgreich examinierten werden in das Register der Deckhengste friesischer Rasse eingetragen. Im Durchschnitt schafft ein halbes bis zu einem Prozent eines Jahrgangs der Hengstfohlen es bis zu diesem häufig innig angestrebten Augenblick!

Die Nachkommenkörung

Die Eintragung ins Stammbuchregister für Deckhengste ist ein Ereignis, das nur wenigen Friesenpferden männlichen Geschlechts vorbehalten ist. Dennoch wird dem Besitzer wenig Zeit gelassen, sich zufrieden zurückzulehnen, um sich am Besitz eines echten friesischen Deckhengstes zu erfreuen. Im vierten Jahr nach der Eintragung steht einem Hengst noch eine letzte und definitive Prüfung bevor: die Körung auf Grund der Nachkommen.

Pike 316, ein Sohn des aus Altersgründen aus der Zucht genommenen Ijgram 240, zeigt eine formvollendete Galoppade...

Bei dieser Körung muß der dann siebenjährige Hengst zeigen, daß er seine vortrefflichen Eigenschaften in ausreichendem Maße an seine Nachkommen weitergibt. In den vier Decksaisons nach seiner Eintragung darf er höchstens 150 Stuten pro Saison decken. Als Nachkommen werden somit höchstens 600 Tiere anerkannt. Diese Obergrenze ist eingeführt worden, um die gleichmäßige Verbreitung des Blutes über die Gesamtpopulation zu fördern.

Es kommt nun entscheidend darauf an, daß der Besitzer in den vier Jahren nach der Körung des Hengstes eine schöne Gruppe von Nachkommen aufzubauen weiß, um die Chancen seines Hengstes bei der Nachkommenkörung zu vergrößern.

Bei der Nachkommenkörung werden die Resultate der ersten vier Decksaisons des Hengstes beurteilt. Seine Nachkommen setzten sich daher aus einer Gruppe aus Fohlen, einer aus Jährlingen, einer aus Zweijährigen und einer aus Dreijährigen zusammen. Die Hälfte einer jeden Gruppe sucht der Halter des Hengstes aus, die andere Hälfte wird anhand des Stammbuchs bestimmt. Jede Gruppe wird für sich nach Qualität bewertet und auch präzise beschrieben. Bestimmend bei der Beurteilung der Prüfungskommission ist die Frage, ob der Hengst einen positiven oder einen negativen Einfluß auf die Zucht hat. Im letzteren Fall erfolgt unweigerlich die sofortige Abkörung als Deckhengst. Es ist verständlich, daß eine solche "Ausmusterung" beim Besitzer starke Emotionen auslöst. Ganz zu schweigen von den erheblichen finanziellen Folgen für ihn, denn der Unterschied zwischen einem bei der Nachkommenkörung bestätigten und einem abgekörten Deckhengst beträgt in etwa um die 200.000 DM.

...und einen ausdrucksstarken Trab mit viel Knieaktion.

Wenn aus unserer ursprünglichen Gruppe zwei Drittel der jungen Deckhengste bei der Nachkommenkörung bestanden haben, so bedeutet dies, daß es lediglich einem von dreihundert Hengstfohlen gelingt, ein aufgrund der Nachkommen anerkannter Deckhengst zu werden! Es wird empfohlen, sich diese Tatsache bewußt zu machen, bevor man in Versuchung gerät, jemals einen Deckhengst aufzuziehen!

Die Hengstlinien

Drei Hengstlinien sind zur Zeit zu unterscheiden: Die bei weitem vorherrschende ist zur Zeit die Tetmanlinie mit zwei nahezu gleich wichtigen Zweigen, jener von Tetman über Jarich nach Wessel und jener von Tetman nach Mark. Bei den beiden anderen sehr viel "dünneren" Linien handelt es sich um die Agelinie und nun auch noch die Ritskelinie, die vor etwa 20 Jahren noch stark vorherrschte. Ritske 202 hat der Zucht zehn Söhne hinterlassen. In diesen Jahren nahm der Prozentsatz an Inzucht dank Ritske dadurch beängstigend schnell zu, und es wurde empfohlen, diese Inzucht zu meiden. Durch das derzeitige Vorherrschen der Tetmanlinie ist das Ritskeblut wieder gefragt, woran zu erkennen ist, wie schnell in der Blutverteilung Verschiebungen auftreten können. Allzu leicht kann man hier einen falschen Eindruck gewinnen, wenn man den Einfluß der Stute bei der Blutverteilung für die Bewertung unberücksichtigt läßt. Die große Anzahl Stuten mit Inzucht durch Ritske sorgte wieder für einen bedeutenden Einfluß auf die Tetmanlinie über die mütterliche Linie. So hatte seinerzeit der Hengst Alva, dessen Söhne Oom und Stefanus frühzeitig ausgemustert worden waren, weiter keinen Einfluß in männlicher Linie auf die Zucht. Alva hatte jedoch sehr viele gute Töchter, die später bei der Zucht des Friesenpferds eine sehr wichtige Rolle gespielt haben.

Die rapide abnehmende Bedeutung der Agelinie ist eine besorgniserregende Erscheinung. Selbstverständlich müssen besondere Anstrengungen unternommen werden, damit die Agelinie, falls möglich, für die Zucht erhalten bleibt. Auch hier muß man sich dessen bewußt werden, daß sich diese Linie auf mütterlicher Seite fortsetzt. Das Problem der Agelinie besteht darin, daß sie - eine seltene Ausnahme - gute Gebrauchspferde hervorbringt. Die Inspektion des Stammbuchs sieht sich daher vor die schwer zu bewältigende Aufgabe gestellt, daß sie einerseits zwar gerne auch Hengste aus dieser Linie wegen des Blutes auszeichnen möchte, andererseits jedoch nicht allzu sehr von den strengen Maßstäben abweichen darf, denen nun einmal ein Deckhengst unterworfen ist. Dasselbe Problem spielt in zunehmenden Maße inzwischen auch bei der Ritskelinie eine Rolle. Gleichzeitig muß man sich bewußt machen, daß Blutlinien einfach nicht vital genug sein können und beim dynamischen Prozeß der Auslese zum Verschwinden verurteilt sind. Dabei ist es gut zu wissen, daß eine Hengstlinie sich über die mütterliche Linie bereits in ausreichendem Maße durchgesetzt und damit ihre historische Rolle in der Genetik einer Rasse längst erfüllt hat.

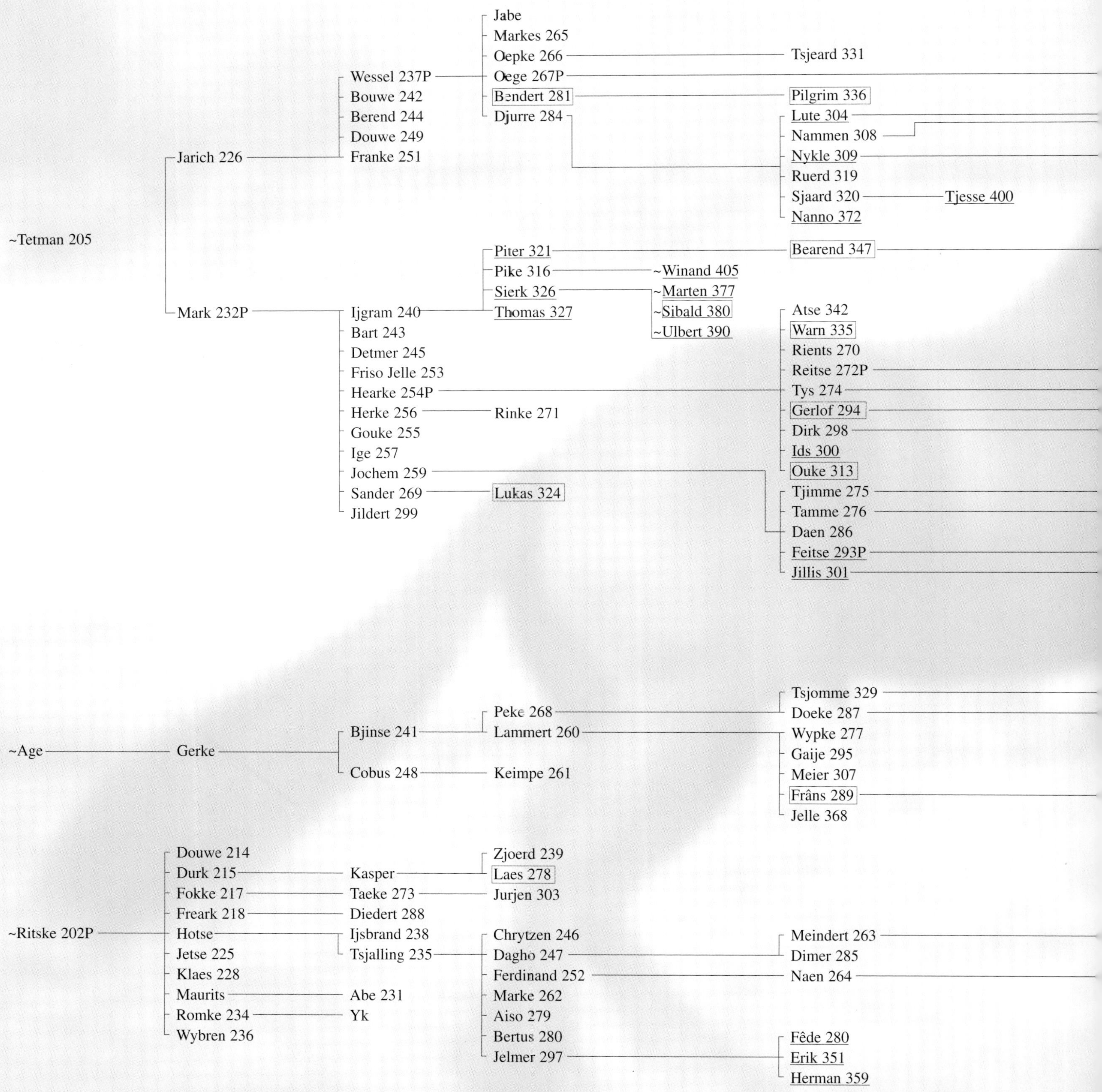

Legende: **unterstrichen:** Hengste, die in den Niederlanden im Deckeinsatz stehen **eingerahmt:** Hengste, die außerhalb der Niederlande im Deckeinsatz stehen

Stammbaum der F.P.S.-Hengste

P = Preferenter Hengst
Fett = Linienbegründer

- Wibe 402
- Lolke 371
- Jitse 361
- Anton 343
  - Teade 392
- Ritse 322
  - Wikke 404
- Remmelt 323
  - Tsjipke 399
- Tieme 330

- Riemer 379
- Wicher 334
  - Rintse 386

- Krist 358
- Karel 370

- Jorrit 363
- Ielke 382

- Tsjibbe 388

- Goffert 369
- Gerryt 360
- Obe 314
- Olof 315
  - Jasper 366
    - Beart 411
- Tjitte 333
- Reyert 337
- Anne 340
- Abel 344
  - Tonke 391
- Brandus 345
  - Tsjitse 387
  - Brend 413
- Gradus 356
  - Tetse 394

- Falke 291

- Teunis 332
  - Monte 378
  - Nanning 374
    - Botte 414
- Bonne 341
- Ildert 355

- Otto 375

- Ulke 338
- Tonis 393

- Leffert 306
  - Heinse 354
    - Wisse 408
    - Bente 412
  - Onno 376
  - Mintse 384
  - Tsjalke 397
- Oltman 317
  - Rik 396
- Oeds 318
- Liekele 364 +

- Rypke 321
  - Sytse 385
- Tsjerk 328
  - Maiko 373
  - Andrie 415
- Fetse 349
  - Teeuwis 389
  - Wobke 403
  - Time 398
  - Ynte 407
- Folkert 353
  - Wierd 409
- Feike 395
- Ait 410

- Abe 346
  - Aan 416

- Jelte 365

- Nikolaas 310
- Karst 362

- Melle 311
  - Fabe 348
    - Sape 381
    - Tije 401

- Arent 283

- Walter 282
- Foppe 290
- Barteld 292
  - Pyt 325
    - Jelke 367
  - Wander 352
- Hannes 296 +
- Jakob 302
  - Olrik 383
- Ludse 305
  - Adel 357

+ Hengste, stehen in Deutschland (Stand April 2003)

Ulke 338 zeigt auf "freier Wiese" Stolz und Anmut Friesischer Hengste.

TRIUMPH ODER TRAGÖDIE?

In jedem Jahr stellen sich wieder junge friesische Hengste bei der Körung den sachkundigen Augen der Prüfungskommissare, um nach der höchsten Ehre zu trachten, die einem Friesenpferd männlichen Geschlechts vorbehalten ist: der Eintragung ins Register der Deckhengste friesischer Rasse. Wem wird es wohl gelingen? Wer wir die Nummer 350?

Hinter jeder Nummer im Register der Friesischen Deckhengste verbirgt sich ein lebendes Wesen mit einer eigenen Lebensgeschichte. Die Beschreibung dieser Pferdeleben, angefangen mit der Nummer 1, dem 1879 eingetragenen Hengst namens "De Paauw" bis heute, würde ein Buch des Triumphes, aber auch der Tragödie ergeben. Es ist mehr als nur die Geschichte der Friesischen Hengstzucht in den vergangenen 120 Jahren. Es ist zugleich auch der Bericht vom mühsamen Kampf um die Erhaltung einer Rasse. Mühsam und hoffnungslos in der ersten Hälfte, jedoch mit einem seltsam schönen letzten Kapitel!

(oben und rechts)
Oege 267, ein Hengst der Jarich/Wessel-Linie hat vier anerkannte Stammbuchsöhne.

De Paauw 1

Als Nummer 1 finden wir den Hengst "De Paauw". Er war der erste Hengst, der nach Gründung des Stammbuchs 1879 eingetragen wurde. Wie bereits erwähnt verfolgte man mit der Einrichtung des "Paarden-Stamboek" das Ziel, die zu jener Zeit noch vorhandenen Friesenpferde zu erfassen. "De Paauw" war eines davon. In der Beschreibung der Kommission ist zu lesen: "Einfarbig schwarz, keine besonderen Merkmale. Für ein Kutschpferd zierlich gebaut, mit Schwanenhals und elastisch in der Bewegung, wie man es bei einheimischen Pferden nur selten antrifft." "De Paauw" wurde der Triumph zuteil. Nicht nur weil er für die Ewigkeit in dem Stammbuch verzeichnet steht als der erste Hengst, der für würdig befunden wurde, in das soeben eingerichtete Stammbuch eingetragen zu werden, sondern auch in seiner Eigenschaft als Ururgroßvater der Stute Irma, die zusammen mit Paulus 121 den ganzen Bestand der jetzt lebenden Friesenpferde verantwortet!

(links und oben) Aus der Ritskelinie kommt der in Deutschland stationierte Stammbuchhengste Hannes 296, ein Sohn des legendären Naen 264. Er verkörpert den "modernen Typ" des Friesenhengstes.

APOLLO 50

Hinter Nummer 50 steht der Hengst namens Apollo, geboren 1885, Sohn von Floris und einer unbekannten Mutter. Apollo ist kein solcher Triumph wie "De Paauw" vergönnt gewesen. Apollo zeugte den Sohn Friso, der als Nummer 84 eingetragen wurde, aber am 10. Mai 1893 bei einem Feuer ums Leben kam. Der Einfluß von Apollo 50 reduziert sich also auf fast nichts. Nummer 50 endet also tragisch und gerät in Vergessenheit, wogegen eine Nummer später Nemo eingetragen ist, der präferente Nemo 51 wohlgemerkt, ein Hengst, von dem alle derzeit lebenden Friesenpferde in männlicher Linie abstammen.

ULBE 100

Unter Nummer 100 stoßen wir auf den präferenten Ulbe 100. Ulbe ist ein Sohn Nemos und zählt daher zu den Siegern. Er wurde 1894 geboren. Ulbe wird als anmutiges Zugtier beschrieben, mäßig zwar, aber mit schönen Formen und sehr viel Aktion. Ulbe deckte von 1897 bis 1911. Im Jahr 1907, als das Stammbuch den Kampf um den Erhalt des Friesenpferds erkennbar aufgegeben hatte und dazu übergegangen war, einheimische, gekreuzte und ausländische Rassen in ein und dasselbe Buch einzutragen, bürgten fünf ältere Hengste für das Fortbestehen der friesischen Pferderasse. Dies waren Frits 95, Prins 109, Alva 113, Friso 117 und... Ulbe 100. Ulbe, der Sohn Nemos, ist der einzige unter den fünf Hengsten, der sich über seinen Sohn Friso 117P in männlicher Linie fortpflanzt. Damit zählt auch er zu den Stammvätern aller Friesen. Wenn das kein Triumph ist. Die anderen setzten ihren Einfluß ausschließlich über die weibliche Linie fort. Dies gilt besonders für Alva 113.

(links)
Beim Friesenpferd handelt es sich um nichts weniger, als um ein einzigartiges Kulturdenkmal, welches uns springlebendig vor Augen führt, mit welch königlicher Ausstrahlung es die Tiefpunkte seiner Geschichte überwunden hat. Hier Tsjerk 328.

(oben und unten)
Ulke 338
Das Präsentieren ist jedem Friesenhengst geradezu angeboren. Für ihn gibt es offenbar nichts Schöneres als sich seiner Herde oder einem Publikum zu zeigen.

(nächste Seite) Tjitte 333
Mit dem Friesenpferd früherer Zeiten - mächtiger Körperbau, schwerer Hals, kräftige Schultern und kürzere Vorderbeine - haben Friesenhengste heute nichts mehr zu tun...

(übernächste Seite) Jillis 301
...Merkmale wie Adel und Eleganz sind beim Friesenpferd genetisch tief verankert.

OBSCURANT 150

Unter Nummer 150 finden wir Obscurant 150P. Erneut ein Hengst, der einen unglaublich großen Einfluß auf die Zucht der Friesenpferde gehabt hat. Obscurant triumphierte: Er zeugte zehn prämierte Söhne!

Über Friso 117P, Paulus 121, Vredestichter 127 und Danilo 137P ist Obscurant ein direkter Nachfahre von Ulbe 100. Mit dem 1934 geborenen Obscurant befinden wir uns in der landwirtschaftlichen Phase der friesischen Pferdezucht. Diese Zeit unterscheidet sich gewaltig von jener "De Paauws", in der man noch Kutschpferde kannte. Dennoch verdient Obscurant seinen Platz innerhalb der Geschichte des Friesenpferds: er war ein Rüpel, doch mit Pferden seinesgleichen ist es überhaupt zu verdanken, daß die schwierigste Periode in der Geschichte des Friesenpferds überstanden wurde.

Zur Demonstration zeigen hier Brandus 345 (rechts) und sein Halbbruder Tjitte 333 (links), daß sie von ihrem Großvater Hearke 254P einen ausgezeichneten Trab und viel Knieaktion geerbt haben.

NUTTERT 200

Unter der Nummer 200 finden wir den im Juni 1953 geborenen Nuttert. Sein Großvater mütterlicherseits ist der einflußreiche Obscurant 150P, und sein Vater ist Ewoud 181, der mütterlicherseits wiederum ein Enkel von Danilo 137P ist, dem Vater von Obscurant. Das Auftreten von Inzucht war ein ganz besonderes Problem zu jener Zeit, als sich die Zucht des Friesenpferds auf ein paar Landstriche in der Provinz Friesland beschränkte. Nuttert hatte keine männlichen Nachkommen. Sein Halbbruder Tetman 205 sollte der Stammvater der Hengstlinie werden, die inzwischen die Zucht insgesamt beherrscht. Für Tetman ein Triumph, für Nuttert eine Tragödie.

Jillis 301, ein Hengst mit ausgeprägter Persönlichkeit.

Ewoud 250

Unter der Nummer 250 finden wir den 1972 geborenen Ewoud. Auch im Fall von Ewoud kann man keine Erfolgsgeschichte schreiben. Im Alter von sieben Jahren wurde er wegen bestimmter Abweichungen im Kniegelenk ausgemustert. Söhne hat er der Zucht zwar nicht geschenkt, dafür aber eine Menge Töchter. Ewoud war der Sohn von Ulrig 204, der seinerseits wiederum der Sohn von Age 168. Age ist der Stammvater einer Hengstlinie, aus der Bijnse 241, Lammert 260, Peke 268, Doeke 287, Frâns 289, Melle 311 und Tsjomme 329 stammen. Im Augenblick ist dies die am meisten von der enorm vorherrschenden Tetmanlinie bedrohte Hengstlinie. Ewoud 250 hat an diesen Verhältnissen leider überhaupt nichts verändert.

Ids 300

Unter der Nummer 300 finden wir Ids. Mit Ids sind wir Mitten in der Gegenwart angelangt, denn Ids ist der erste aus jener Reihe, der noch lebt. Außer hierin unterscheidet sich Ids 300 auch in anderer Hinsicht von seinen Vorgängern: Ids verbrachte den größten Teil seines Lebens im Ausland, während alle Hengste davor irgendwo in Friesland standen. Ids wurde im April 1985 geboren und ist also zehn Jahre alt. Nach seiner Prämierung als

Deckhengst im Jahr 1988 zog er in die USA nach Kalifornien. Der Hengst Ids mit der Nummer 300 markiert somit eine Phase in der bewegten Geschichte des Friesischen Pferde-Stammbuchs, nach der innerhalb kurzer Zeit von einer regionalen auf eine internationale Organisation umgestellt werden mußte. Ids ist einer der acht prämierten Söhne des legendären Hearke 254, mit dem wir diesen Bericht begonnen haben.

... 350?

Über den Hengst, der bald unter der Nummer 350 eingetragen wird, wissen wir noch nichts. Wir wissen nicht einmal, welcher Blutlinie er angehören wird. Vielleicht kann er die Age- oder die Ritskelinie verstärken, doch wahrscheinlich stammt er von der Tetmanlinie ab. Wir ahnen nicht, welche Rolle dieser Hengst für den Fortbestand des Friesenpferds spielen wird. Wir hoffen nur für ihn, daß ihm eher ein Triumph als eine Tragödie beschieden ist. Wir hoffen auch, daß bei ihm die Frieslandhalle kopfsteht, denn auch an ihm wird man erkennen, wie phantastisch Friesenhengste sein können.

Hier ist er: Der Topper der jüngsten Friesenhengste, Brandus 345. Der Reitse 272-Sohn hat bei der Hengstprüfung 1995 in Drachten die höchste Bewertungszahl erreicht, die bisher ein Friesenhengst bekommen hat.

Das Friesische Hengstkarussell

Apollo und Dionysos

Ein Friesenhengst wird geboren, um bewundert, geliebt und respektiert zu werden. Gewöhnlich ist er von freundlicher und liebenswürdiger Wesensart, manchmal jedoch kann er stolz und eigensinnig sein. Jeder Hengst besitzt eine eigene Persönlichkeit, eine Individualität, bei der stets zwei Elemente wiederkehren und deren besonderes Verhältnis zueinander den Charakter des Individuums bestimmen. Es handelt sich um das Gleichgewicht von Kultur und Natur. Das heißt Apollo gegen Dionysos, das heißt Schönheit und Zivilisation gegen eine kaum zu bezwingende Kraft und Wildheit. Man kann sich unschwer vorstellen, daß Könige in einer fernen Vergangenheit eben nach solchen Pferden gesucht haben, um damit zu präsentieren und ihr Ansehen zu unterstreichen. Einmal hörte ich wie jemand, der ein Gespann aus Friesenhengsten betrachtete, seufzte: "Das ist purer Adel, da ist nichts Demokratisches dran..."

DAS HENGSTKARUSSELL

Man multipliziere alles, was bisher über Friesenhengste gesagt wurde mit zwölf, und man hat das Friesische Hengstkarussell. Nicht ohne Grund ist das Hengstkarussell eine der Visitenkarten des Stammbuchs: Zwölf prächtige pechschwarze Friesische Deckhengste tanzen in der Arena, ein Schauspiel aus Grazie, beherrschter Kraft und Kontrolle. Und kontrollieren müssen sie sich, denn es wird Steigbügel an Steigbügel geritten! Eine solche Vorstellung verlangt von den Reitern ein Höchstmaß an Aufmerksamkeit und Kontrolle, denn letzten Endes reiten sie schließlich Deckhengste! Kleine Narreteien untereinander werden unmerklich unter den wachsamen Händen der Reiterinnen und Reiter glattgebügelt. Es bleibt ein atemberaubend schöner Anblick. Das Hengstkarussell ist in Wirklichkeit eine der schönsten Werbeveranstaltungen, die sich die Königliche Vereinigung "Het Friesch Paarden-Stamboek" nur wünschen kann. Welches Stammbuch kann so etwas schon bieten?

Die Organisationen

Peke 268

Die Gründung des Stammbuchs

Am 1. Mai 1879 gründeten Menschen, die die Sorge um die Zukunft der alten Pferderasse umtrieb, in der Herberge "De Drie Romers" in Roordahuizum die Vereinigung "Het Paarden-Stamboek" ("Das Pferde-Stammbuch"). Damit war das erste Pferdestammbuch in den Niederlanden Wirklichkeit geworden. Man begann mit der systematischen Eintragung aller einheimischen Pferde von ausreichender Qualität, sofern es überhaupt noch welche gab.

Der Einleitung zu diesem Buch, in das man die ersten Pferde eingetragen hatte, kann man entnehmen, wie trüb die Stimmung war angesichts des Zustands, in der sich diese alte Rasse befand: "Einige vertraten die Ansicht, daß der reine friesische Typus bereits hinlänglich verdrängt worden war, andere hielten dagegen, daß das friesische Pferd, obwohl kaum noch reinrassig anzutreffen, durch eine systematischere Züchtung zu erhalten möglich sei." Bald darauf wurde deutlich, daß von der Eintragung der noch erhalten gebliebenen Friesenpferde in ein Stammregister ein anregender Einfluß auf die Zucht ausging.

Die Vereinigung "Het Friesche Paard"

Ein weiterer Tiefpunkt war zweifelsohne im Jahr 1913 erreicht. Man kann schon behaupten, daß die Rasse nunmehr nahezu ausgestorben war. In jenem Jahr standen nur drei ältere Stammbuchhengste für die Zucht zur Verfügung, während es keinerlei Aussicht auf nachwachsende junge Hengste gab. Zu dieser Situation hatte übrigens der kaum förderliche Beschluß des Stammbuchamts von 1907 beigetragen, Friesenpferde zusammen mit anderen gekreuzten Pferden in ein und dasselbe Stammbuch einzutragen. Im Dezember 1913 versammelte sich eine Hundertschaft friesischer Bauern und Bürger im Oranjehotel in Leeuwarden und gründete zusätzlich zum Pferde-Stammbuch die Vereinigung "Het Friesche Paard". Sie krempelten die Ärmel hoch, um das Friesenpferd in letzter Minute vor dem Aussterben zu retten. Die neue Vereinigung ersann ein System von Körungen und Prämierungen mit dem Ziel, die Aufzucht guter, junger Hengstfohlen zu fördern. Zudem kaufte sie selbst Hengstfohlen an und zog sie auch selbst auf. Und der Erfolg stellte sich ein: schon nach einigen Jahren konnte das erste von der Vereinigung aufgezogene Hengstfohlen als Deckhengst ins Stammbuchregister eingetragen werden. Somit war der erste Schritt auf dem Weg zu einer Verbesserung der Verhältnisse getan.

Das Friesenpferd erobert die Welt

Heute avanciert das Friesenpferd zu einem vielbegehrten Luxusartikel, das aus allen Ecken der Welt verlangt wird. Inzwischen werden Jahr für Jahr ungefähr 4000 Fohlen ins Register des Stammbuchs eingetragen, wogegen der Gesamtbestand an Pferden bei etwa 20.000 liegt. In nicht einmal 15 Jahren sind blühende Zuchtvereine entstanden in Belgien, Deutschland, Frankreich, Großbritannien und Irland, Dänemark, Schweden, Österreich, der Schweiz, Südafrika, Nordamerika, Kanada und Australien. Alle Jahre wieder schwärmen die Inspektoren und Jurymitglieder der Königlichen Vereinigung "Het Friesch Paarden-Stamboek" in alle Welt aus und besuchen die ausländischen Vereinigungen. Dort kören sie die Pferde und stehen mit Rat in Zuchtfragen zur Verfügung. 1992 wurde in Drachten (Friesland) das Friesische Pferdezentrum eröffnet, in dem Spitzenkräfte und Spitzentrainer Unterricht bei der Verwendung von Friesenpferden erteilen. Das Friesenpferd erlebt gegenwärtig eine Blütezeit sondergleichen.

Neue Gefahren

Das explosive Anwachsen der friesischen Pferdezucht in den vergangenen zwanzig Jahren brachte zugleich eine neue und große Gefahr für die Zucht des Friesenpferds mit sich. Die größten Anstrengungen mußten sich angesichts eines stark anwachsenden Pferdebestands darauf richten, das Friesenpferd in Erscheinungsbild und Typus einheitlich zu halten. Bisher glückte dies in zufrieden- stellender Weise, doch in Zukunft drohten verschiedene Gefahren. Das Gerippe einer gut organisierten und zentral gelenkten Weltorganisation, in der alle teilnehmenden Länder vertreten sind, zeichnete sich bereits ab. Eine solche Organisation wurde absolut erforderlich. Eine Zersplitterung der Zucht führt unwiderruflich zu verschiedenen Zuchtfehlern und dann zu unterschiedlichen Typen von Friesenpferden. Dies wäre eine regelrechte Katastrophe und würde der eindrucksvollen Diaspora des Friesenpferds großes Unrecht zufügen. Deshalb wurde im Januar 1996 der Weltfriesenverband (W.F.H.O.) gegründet (World Frisian Horse Organization). Darin sind alle nationalen Verbände Mitglied, die ihre Pferde ins Stammbuch des F.P.S. eintragen lassen. Die W.F.H.O.hat ihren Sitz beim F.P.S. in Drachten.

Feitse 293

NACHWORT

Die Schönheit, die Kraft und der Adel des Friesenpferdes haben mich seit einer ersten Begegnung gefangen genommen und fasziniert. Nie habe ich schönere Bewegungsabläufe gesehen, nie charaktervollere Persönlichkeiten getroffen.

Mit einem friesischen Bauern auf einer satten Wiese zwischen Tjerkgaast und Kollumerzwaag zu sitzen, mit einem Züchter im Hunsrück stundenlang auf das Ende eines Regengusses zu warten oder mit Freunden in der Lüneburger Heide tagelange Diskussionen zu führen ist Teil meiner Freizeitbeschäftigung geworden und hat nur einen einzigen Hintergrund: Das Friesenpferd.

Bei all denen, die mir voller Engagement geholfen haben, diese wunderschönen Pferde zu fotografieren, möchte ich mich bedanken, bedanken auch für hunderte "kopjes koffie".

Wenn es auf der einen Seite viel Enthusiasmus, Faszination und Engagement gibt, so finden sich auf der anderen Seite auch ein paar Wermuthstropfen, auf die ich doch hinweisen möchte:

Lassen Sie sich nicht Ihre Freude an Friesenpferden durch Geschäfte mit dubiosen Pferdehändlern nehmen. Sie können sicher sein, daß Sie anschließend die Gerichte bemühen müssen. Hüten Sie sich vor drittklassigen, selbsterkorenen "Reitlehrern", die Ihnen etwas anbieten, was weder Ihnen noch Ihrem Pferd nützt.

Setzen Sie sich bei Fragen und Problemen mit den hier aufgeführten Verbänden in Verbindung und Sie können sicher sein, daß Sie mit Ihrem Friesenpferd viel Freude in der Zukunft haben werden...

...und Zukunft hat das Friesenpferd allemal.

Hermann Gerth

ADRESSEN

Geschäftsstelle des FPS
Koninklijke Vereniging "Het Friesch
Paarden Stamboek"
Herr Ing. S.H. de Boer
Postlaan 1 A
NL-9204 WT Drachten
Tel. 0031 5125 23888

Deutschland
Deutsche Friesenpferde-Züchter
im FPS (D.F.Z.)
Horst Eberhardt
Breite Steinstr. 9
D-37186 Mohringen
Tel. 05551 4253
Fax 05551 65669

Österreich
Freunde des Friesenpferdes
Österreich (F.F.Ö.)
K. Elsenwenger
Eugenbach 3
A-.5301 Eugenbach
Tel. 06212 82140

Schweiz
Friesenpferde-Verband Schweiz
(F.V.S.)
R. Rüsch-Perk
Im Ebnet 12
CH-8427 Rorbas
Tel. 0865 3208

BÜCHER FÜR FRIESENFANS

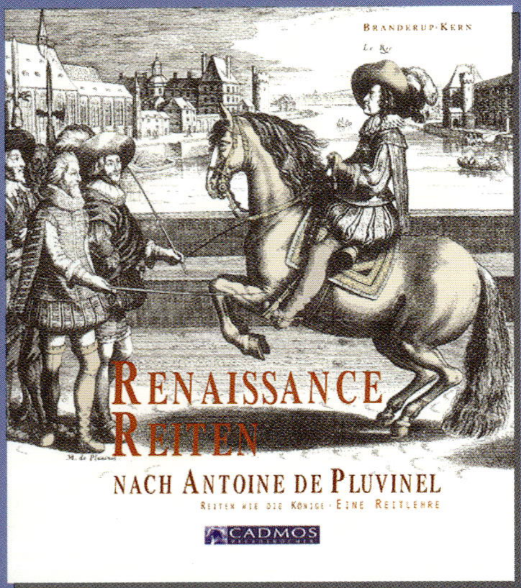

Branderup/Kern
RENAISSANCE-REITEN NACH ANTOINE DE PLUVINEL
Reiten wie die Könige eine Reitlehre
96 Seiten, Großformat, farbig
ISBN 3-86127-381-0

Demitrij Crnjac
PIAFFE UND PASSAGE
Schritte zur hohen Schule
64 Seiten, farbig
ISBN 3-86127-371-3

Bent Branderup
AKADEMISCHE REITKUNST
Eine Reitlehre für anspruchsvolle Freizeitreiter
80 Seiten, Großformat, farbig
ISBN 3-86127-308-X

Bent Branderup
REITEN AUF KANDARE
Eine praktische Anleitung für Reiter
96 Seiten, Großformat, farbig
ISBN 3-86127-360-8

Alfons Dietz
DIE KLASSISCHE BODENARBEIT
Die Ausbildung des Pferdes an der Hand
176 Seiten, farbig
ISBN 3-86127-344-6

Branderup/Kern
BAROCKES REITEN
nach F.R. de la Guérinière
128 Seiten, Großformat, farbig
ISBN 3-86127-342-X

Gustav Steinbrecht
DAS GYMNASIUM DES PFERDES
Erstmals illustriert
240 Seiten, Großformat, farbig
ISBN 3-86127-357-8

CADMOS PFERDEBÜCHER
Cadmos Verlag GmbH · Im Dorfe 11 · D-22946 Brunsbek
Tel. 04131 9835 150 · Fax 04131 9835 155 · www.cadmos.de · e-mail: info@cadmos.de